AF339428

LE
Transsibérien

PAR

le Capitaine SAUVAGE

BREVETÉ D'ÉTAT-MAJOR

R. CHAPELOT & Cie

30, Rue Dauphine

1904

PÉKIN. — LE TEMPLE DU CIEL.

LE
Transsibérien

PAR

le Capitaine SAUVAGE

BREVETÉ D'ÉTAT-MAJOR

PARIS

LIBRAIRIE MILITAIRE R. CHAPELOT ET Ce

IMPRIMEURS-ÉDITEURS

30, Rue et Passage Dauphine, 30

1904

PÉKIN. — LE PONT DE MARBRE SUR LA RIVIÈRE IMPÉRIALE.

I

Construction du Transsibérien.

Le Transsibérien. — La Russie reconnut vers 1860 la nécessité d'ouvrir à l'avenir de son génie une porte sur l'océan Pacifique ; elle fit *Vladivostok*.

Mais, comme l'accès de la porte manquait d'un couloir, elle décida le *Transsibérien*.

Les études commencées en 1885 ont été terminées en 1891.

Le tsarévitch Nicolas, l'empereur actuel, président du Comité du chemin de fer transsibérien, qui avait pour but, outre la construction de la voie ferrée, l'éveil économique de la Sibérie et le mouvement d'émigration vers l'Est, pose à Vladivostok, le 31 mai 1891, la première pierre du chemin de fer de l'Oussouri.

C'est le signal de la mise en œuvre.

Les 6,000 kilomètres de rail furent répartis en six sections :

1. De *Tchelabinsk à l'Obi* (ligne de l'Ouest sibérien),
2. De l'*Obi à Irkoutsk* (ligne de la Sibérie centrale),

3. D'*Irkoutsk à Missovaia* (ligne du Circumbaïkal),
4. De *Missovaia à Strietensk* (ligne du Transbaïkal),
5. De *Strietensk à Khabarovsk* (ligne de l'Amour),
6. De *Khabarovsk à Vladivostok* (ligne de l'Oussouri).

La nouvelle ligne prenait le réseau russe à Tchelabinsk, suivait l'étroite bande de terres fertiles qui, par Omsk, Krasnoïarsk et le Baïkal, s'étend de l'Oural au bassin supérieur de l'Amour, évitant au Sud la montagne et la steppe, au Nord la taiga silencieuse et les toundras désolés.

Le travail fut sectionné : 150,000 ouvriers l'attaquèrent simultanément. Dès 1894, le tronçon occidental était ouvert à l'exploitation depuis Tchelabinsk jusqu'à Omsk ; il atteignait l'Obi en 1896, Kansk en 1897, Irkoutsk en 1899. Le chemin de fer de l'Oussouri fonctionnait régulièrement dès 1897 ; seul, le tronçon transbaïkalien, gêné par les inondations, ne fut achevé qu'en 1900.

On ajourna le Circumbaïkal dont la construction exigeait des travaux d'art onéreux, car on recherchait la rapidité dans l'économie, et l'on se contenta de deux ferry-boats pour le transbordement.

On avait en sept années, c'est-à-dire en sept semestres, car l'année ouvrable n'est que de six mois, posé 5,284 kilomètres de rails. La main-d'œuvre avait donné un rendement moyen de quatre kilomètres par jour.

La ligne est à voie unique et à croisements éloignés. On a adopté l'écartement russe et le rail léger, évité les expropriations en passant loin des bourgades, fait les gares en bois, écarté soigneusement le tunnel, et réservé aux seuls cours d'eau un luxe remarquable de ponts métalliques.

La ligne n'en a pas moins coûté 730 millions, soit 130,000 fr. le kilomètre. Ce chiffre exagéré tient certainement au prix élevé des matériaux russes exclusivement employés et peut-être aussi à des coutumes administratives négligées.

En 1900, au moment des complications chinoises, tout était terminé, à l'exclusion du Transmandchourien.

Le Transmandchourien. — En 1895, la France, la Russie et l'Allemagne persuadèrent le Japon d'abandonner la presqu'ile de Liao-Toung contre une indemnité de guerre.

LA GARE DE TIEN-TSIN.

LES ENVIRONS DE TIEN-TSIN.

La Russie obtint aussitôt de la Chine l'autorisation de créer, sous le nom de « Société des Chemins de fer de l'Est chinois », une compagnie chargée de construire une ligne ferrée allant, à travers la Mandchourie, de *Tchita à Vladivostok.*

Cette ligne réduisait le Transsibérien de 600 kilomètres. Le Transmandchourien devenait une enclave russe en terre chinoise, la Mandchourie une terre chinoise sous police russe.

Deux ans plus tard, la Chine reconnaissante cédait à bail à la Russie : Port-Arthur, avec autorisation de le fortifier et d'y attacher le point de mer du Transsibérien. C'était le port libre de glaces enfin trouvé. La Chine armait la Russie contre le Japon, la Russie dominait la Chine par le Japon. L'une était contente de l'autre, l'une et l'autre contentes de soi. Le Japon, moins heureux, s'armait pour la vengeance.

Profitant de ses avantages, le gouvernement russe mène les travaux à toute haleine.

100,000 Chinois travaillent sous la surveillance de 4,000 Cosaques. L'avancement est à ce point rapide qu'en juin 1900 M. Yougovitch, l'ingénieur en chef, ne craint pas d'affirmer que la ligne sera livrée à l'exploitation en 1902.

M. Yougovitch n'avait pas prévu le mouvement boxeur ; l'amitié chinoise semblait en écarter la Russie ; la Russie avait compté sans la cour de Pékin.

Sur des ordres impériaux, la voie ferrée est détruite ; le personnel et les troupes sont réduits à des retraites sanglantes, l'ingénieur Yougovitch et le général Guerngross bloqués à Kharbin ; Blagovetchenk est assiégé, la Mandchourie en feu.

Les circonscriptions militaires de l'Amour et de Sibérie sont aussitôt mobilisées et, deux mois après, les Russes avaient repris Aïgoun, Tsitsikar, Kirin et Moukden, parcouru la Mandchourie de leurs armes victorieuses et réoccupé les 2,500 kilomètres du Transmandchourien.

Les travaux sont repris partout avec une formidable activité, car l'impatience japonaise épiait l'heure, et en février 1902, après un effort titanesque, le rail portait le génie russe du Baïkal à Port-Arthur, de Vladivostok à Kharbin.

La grande pensée du tsar Alexandre III était un fait accompli.

PÉKIN. — CONVOI DE CHAMEAUX LE LONG DE LA MURAILLE.

II

De Pékin à Paris par chemin de fer.

De Pékin à Port-Arthur (1000 kilomètres, 4 jours).

Le 19 février 1902, le colonel Marchand prit la route de France par le Transsibérien, auquel la ligne anglo-chinoise conduisait jusqu'à Chan-Hai-Kouan.

La Compagnie a son terminus occidental à Pékin, où elle possède deux gares, l'une au Temple du Ciel, l'autre à Tsien-Men ; toutes deux sont rudimentaires. Les murailles de la ville chinoise ont été éventrées pour donner accès aux voies ferrées. Le ressentiment chinois n'a pas encore pardonné ce sacrilège.

De Pékin à Tien-Tsin, le pays est sans flore, sans couleur et sans gaieté ; ce sont d'insipides champs de sorgho alternant avec des mares d'eau boueuse.

Tien-Tsin, avec son million d'habitants, se devine à peine au centre d'un immense cimetière. Seules quelques constructions élevées des concessions européennes, les hautes cheminées des arsenaux chinois, l'affluence de jonques sur le Peï-Ho, dénoncent l'existence d'une cité importante.

ARC DE TRIOMPHE CHINOIS.

Les Français ont la garde de la voie jusqu'à Tong-Kou, devenue depuis la campagne une gare considérable, un important dépôt de charbon.

En continuant vers le Nord-Est par la ligne en remblai qui suit la mer, on laisse à l'Est Petang, où débarquèrent les Alliés en 1860, et, après avoir franchi le Petang-Ho, on rencontre les centres miniers de Tang-Chan et de Kai-Ping. C'est là que sont les ateliers de la Compagnie anglo-chinoise.

TIEN-TSIN. — L'AVISO FRANÇAIS « L'ALOUETTE ».

CHEMIN DE FER CHINOIS. — LES WAGONS DE 3e CLASSE.

Les locomotives de la ligne viennent presque toutes d'Amérique. Elles sont d'un type unique : Machines Rogers à trois essieux couplés, du poids adhérent de 52 tonnes. Les énormes voitures de voyageurs à bogies, ont deux classes, non compris les private-cars pour les gens de marque.

La plèbe chinoise a aussi ses private-cars. Ce sont les wagons de marchandises dans lesquels elle consent exclusivement à voyager.

LES ROCHERS DE CHIN-WAN-TAO.

Chin-Wan-Tao. — On quitte Kai-Ping pour Pei-Ta-Ho, le Trouville des Européens là-bas, et par une contrée où la vue trouve enfin le repos de la verdure, on arrive à Chin-Wan-Tao. C'est dans ce port que, le 2 octobre 1900, l'amiral Pottier débarqua le 1er bataillon de zouaves, qui occupa les forts de Shan-Hai-Kouan, après une regrettable méprise où les Russes, croyant reconnaître des Boxers, nous tuèrent deux hommes et en blessèrent dix.

Chin-Wan-Tao n'est jamais bloqué par les glaces, et les grands fonds avoisinent la côte. Les amiraux des escadres alliées y avaient construit un wharf et une voie ferrée en vue des débarquements de la mauvaise saison. Nous y avions une concession d'espérance qu'on a cru bon d'abandonner. Les Anglais y ont entrepris des travaux considérables. Unique débouché du Petchili l'hiver, Chin-Wan-Tao sera bientôt un des points de ravitaillement du commerce maritime de la région : mais ce sera, hélas ! un port anglais.

Depuis Tong-Kou, la ligne était gardée par les troupes de Sa Majesté ; à Chan-Hai-Kouan, nous trouvons nos frères de Russie.

La ville adossée à la Grande Muraille, est entourée d'imposants remparts ; les forts qui descendaient jusqu'à la mer ont été démolis.

Nous pénétrons en Mandchourie par une large brèche pratiquée dans la Grande Muraille. Ici c'est une Chine qui a perdu du caractère chinois, une Chine impressionnée d'influence russe.

Des Cosaques au masque farouche gardent la voie.

Yin-Ko ou Niou-Tchouang. — La région est montagneuse jusqu'à Kabantze, embranchement à peine ébauché de la ligne de Moukden, et l'on arrive à Yin-Ko ou Niou-Tchouang par la gare de la rive droite, l'ancienne gare anglaise, aux quais vieillis, aux bâtiments provisoires, misérable d'aspect, tandis qu'en face, de l'autre côté du fleuve qu'aucun pont ne traverse encore, la gare russe, jeune en sa robuste membrure de pierre, regorge de matériel et de mouvement.

Le port de Niou-Tchouang, formé pas l'estuaire du Liao-Ho, ne permet pas l'accès des navires calant plus de 12 pieds. Il n'est fréquenté que par les pavillons anglais, allemands et japonais. Fermé 5 mois par les glaces, gagné de plus en plus par les vases, son mouvement commercial a cependant de l'importance. Les douanes maritime et fluviale ont, en 1901, rapporté cinq millions.

Entrepôt de coton, de chanvre, de grains et de houille, la

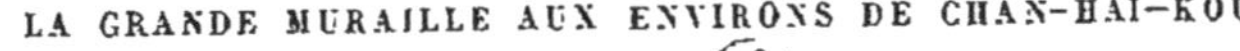

LA GRANDE MURAILLE AUX ENVIRONS DE CHAN-HAI-KOUAN.

ville a 70,000 habitants. Elle est d'aspect triste et doit à ses voitures toute son animation. Il s'y trouve une petite concession internationale et un évêché catholique.

Le 21 février 1902, le Liao-Ho était complètement gelé. Nous le traversâmes dans les dvoukolki de la compagnie d'infanterie russe qui occupait les bâtiments de la gare rive droite. Qu'elles escaladent les berges ou s'arrachent aux ornières, ces ébauches de charrettes traînées par des fantômes de chevaux, vont à toute allure dans la main du maître cocher qu'est le Cosaque.

Seize heures de chemin de fer avec arrêt à Ta-Shih-Chiao pour manger la *bortch*, rude soupe sibérienne au bœuf, carottes et oignons, et l'on arrive à Port-Arthur, par une région au sol rougeâtre, aux montagnes basses, rocheuses et nues.

Port-Arthur. — Une baie d'une superficie de 300 hectares, au lit bas et vaseux, forme le port que des hauteurs de 200 mètres dissimulent au large. La baie communique avec la haute mer par un canal large de 300 mètres et profond de 8^m,50.

La rade extérieure est spacieuse, mais la côte qui la protège des vents de l'Ouest et du Nord, la rend dangereuse sous l'influence des vents opposés.

Le port militaire, placé à l'est de la baie, est l'œuvre des Chinois. Il mesure 450 mètres sur 300 mètres et ne peut guère contenir plus de dix gros navires. Les quais ont 1,500 mètres de développement. Des voies ferrées en parcourent la longueur ; des grues à vapeur en desservent la manutention.

L'arsenal renferme des chantiers, des ateliers, des magasins, possède une cale pour torpilleurs et une forme pour cuirassés. Mais tous ces moyens répondent insuffisamment aux besoins de l'escadre russe d'Extrême-Orient.

La ville, de construction capricieuse, a 20,000 habitants. Elle porte l'empreinte de l'assaut japonais : elle garde l'impression de la menace qui pèse sur elle. Ce n'est plus une ville, ce n'est pas encore un port, c'est un chantier.

Les Russes se proposent de creuser la baie à 25 pieds et de l'entourer de quais, d'augmenter l'arsenal par la démolition d'une partie de la vieille ville, de faire une ville neuve au nord du vieux port, d'achever la forteresse et de constituer un vaste camp retranché de Port-Arthur à King-Tchéou.

Quand nous passâmes à Port-Arthur, le traité anglo-japonais venait d'être publié. Les Russes n'avaient eu le temps que de remanier les forts chinois hors d'usage pour la guerre. Toutefois l'emplacement excellent des puissantes batteries de côtes qui couronnent les hauteurs sud, les nombreuses pièces qui surveillent habilement l'entrée du port sous le couvert impénétrable des rochers, rendaient tout coup de main impossible. Mais deux ou trois années encore sont nécessaires pour rendre la position en mesure de soutenir victorieusement un siège de longue durée.

Une minutieuse visite des casernes sous la conduite du général Kondratovich, l'enchantement d'une soirée au 9ᵉ tirailleurs et le lendemain nous étions à Dalny.

Dalny. — Dalny est une conception. La baie de Port-Arthur ne pouvait contenir deux idées : son exiguité ne permettait pas d'en faire à la fois un grand port militaire et un grand port marchand.

Le Ministre des finances résolut de diviser l'effort. Il arrêta ses vues sur la rade de Talien-Wan. M. de Witte pensa la ville, l'ingénieur polonais Kerbest l'exécuta.

C'est dans la petite baie de Victoria, sur une plage rocheuse, qu'une pléiade de jeunes ingénieurs — l'aîné n'avait pas 40 ans — édifia, avec des reproductions fidèles de l'architecture de l'Exposition, une ville de toutes pièces.

Dalny est la société russe gravée sur pierre : celle-ci est sectionnée en classes, celle-là est classée en secteurs.

Quartier administratif au port, près des usines ; — quartier commercial le long des bassins et des voies de chemin de fer ; — quartier des employés aux pieds de la montagne ; — quartier élégant accroché à ses flancs ; — tous les monuments publics au centre ; — une pépinière à l'Est pour séparer le quartier européen de la ville chinoise.

Le prix des terrains, les types d'habitations seront fixés d'après la position sociale des futurs occupants. Les seuls droits d'accostage et de réparation équilibreront, pense-t-on, le budget commercial, car il n'y aura pas de droits de douane. Dalny sera port libre. La banque russo-chinoise a assumé l'entreprise pour 24 millions de roubles, sur lesquels 14 millions ont déjà été

PORT-ARTHUR. — LE PORT MILITAIRE ET LA BAIE DE L'OUEST.

employés. Les dépenses totales atteindront probablement 36 millions de roubles, c'est-à-dire environ 100 millions de francs.

40,000 Chinois travaillent à l'édification de la ville.

Toutes les rues sont tracées, les canalisations d'eau et d'électricité terminées, la plupart des constructions déjà élevées, le port ouvert au commerce, quatre cales sèches achevées. Et cependant la ville reste vide. Le gouvernement russe ne la livrera à l'habitant que la clef sur la porte.

L'essor commercial de la Russie exigeait Dalny, parce que Chin-Wan-Tao anglais et que Vladivostok, trop haut dans le Nord, n'est pas toujours libre de glaces.

Mais, au point de vue militaire, le port est un danger, en raison même de l'étendue de la baie de Talien-Wan. Il exigera une défense mobile considérable dont l'efficacité est toujours subordonnée à la vigilance de ses unités, et la vigilance de ses unités à la hardiesse de conception des unités ennemies.

Port-Arthur et Dalny coûteront ensemble 200 millions de francs, mais tous deux feront honneur à leur banquier, car l'avenir n'a pour eux que de flatteuses espérances. Cette fois encore, le portefeuille français aura bien mérité de la reconnaissance russe.

2º De Port-Arthur à Kharbin (966 kilomètres, 3 jours).

Le 25 février 1902, jour de notre départ, Port-Arthur était tout gai de soleil. Les courants chauds de Corée tempèrent le climat du Liao-Toung. Le froid y atteint rarement — 7º. Le printemps pointe à mi-mars, un printemps météore, et, tout de suite, on a l'été très chaud et ses pluies torrentielles, suivi d'un automne magnifique qui ne veut pas finir.

Le climat mandchourien s'annonce dès Moukden avec les froids extrêmes, les neiges rares et les vents violents. La température descend à — 40º à Kharbin. La Soungari porte trois pieds de glace pendant la moitié de l'année. En revanche, mai fait épanouir quatre mois de chaleur torride.

Cette contrée, d'une plus grande superficie que la France, est une plaine Nord-Sud immense, fermée à l'Ouest par les hauts plateaux des grands Kinghan, à l'Est par les Tchan-Bochan mystérieux.

La Mandchourie est un pays d'agriculture et d'élevage. La race de ses chevaux est réputée. Son sol accuse des richesses. A beaucoup d'endroits, mais plus particulièrement à Moukden, on rencontre de la houille et du fer. Il y a de l'or au Liao-Toung. La population, évaluée à 15 millions d'individus, comprend à peine 600,000 Mandchoux de race privilégiée.

De Port-Arthur à Kharbin, 1000 kilomètres de pays pareil : de la plaine à l'Ouest, du mamelon à l'Est, une profusion de monotonie. Dans de vastes wagons chauffés, un trajet de trois jours, coupé, pendant des heures interminables, par des arrêts de fortune, un peu partout et n'importe où. De temps en temps, de modestes buffets où la bortch, la volaille, la charcuterie, la bière et le vin de Crimée s'offrent à des prix discrets ; mais il est bon qu'on sache le nom russe de ces denrées.

Des soldats toujours, sortis du poste voisin ou accourus des campements éloignés ; des soldats venus de partout apporter aux frères de France le salut de leur âme simple.

A Kaï-Yuen, une compagnie d'infanterie montée nous attendait, les hommes groupés autour de leur étendard. Pendant notre réception sous la tente par les officiers, ils exécutèrent des chants nationaux. Nous fûmes charmés par la mélodie sauvage de ces échos de la steppe. Ce sont de longues plaintes harmonieuses, entrecoupées d'accents vigoureux, c'est le bruissement du vent à travers les bouleaux, le mugissement de la tempête par d'immenses plaines marécageuses. Le train part, les tirailleurs nous suivent au trot rapide de leurs petits chevaux éveillés ; leurs voix se perdent peu à peu dans l'immense plaine, et longtemps nous regardons leur groupe dans le lointain. Nous restons sous l'impression de la puissance étrange et mystique de ces guerriers d'une autre époque. C'est la race conquérante, la race qui vit de la griserie des espaces infinis, de la lutte journalière, des satisfactions victorieuses.

Tout au fond de l'Est, *Moukden*, sainte et murée, gardienne des tombes impériales, et nous voilà chez les Khoun-Khous, les Boxeurs agréés.

Anciens soldats ou émigrés, réfugiés sur la montagne, blottis

KHARBIN. — AU SORTIR DU BANQUET FRATERNEL.

dans la forêt, ils obligent les Russes à de fréquentes répressions militaires.

Khoun-Khous et Japonais encombrent le pays. On en rencontre partout : Khoun-Khous dans la campagne ; dans les gares, Japonais. Ils prennent toutes les figures, ces Japonais espions, camelots, liquoristes, photographes. Presque tous soldats d'hier, ils attendent l'heure de servir les débarquements en gênant par les pires moyens la concentration des troupés russes.

Kharbin. — On traverse la Soungari sur un pont métallique de 790 mètres et l'on arrive à Kharbin où 3,000 hommes tiennent garnison. L'existence y est décevante ; le jeu et la boisson sont les lamentables gaietés du soldat qui confie souvent son désespoir au suicide.

Centre administratif du Transmandchourien et point de valeur stratégique de la Mandchourie, Kharbin est l'enfant du rail.

L'ingénieur en chef de la Compagnie de l'Est chinois, M. Yougovitch, dont nous faisons la connaissance, est l'ancien ami de Skobeleff et le constructeur des chemins de fer Riazan—Oural. Notre nouvel ami nous explique avec une modestie charmante combien fût facile son œuvre admirable. Nourrir, répartir et approvisionner 78,000 ouvriers n'est pas pour lui au premier rang des difficultés.

Comme pour le Transsibérien, la ligne fût attaquée sur tous les points. Tous les modes de transport furent employés : le rail pour Kaïdalovo et Nikolsk, le fleuve pour Kharbin, la mer pour Port-Arthur et Niou-Tchouang.

Il fallait faire très vite et profiter des enseignements du Transsibérien.

On renforça le ballast, on employa le rail lourd, on doubla l'écoulement des trains en modifiant les pentes. On faisait à la fois une ligne provisoire dans la vallée et une ligne protégée à flanc de coteau. Pour franchir les crêtes des Khinghans et des Tchan-Bo-Chan, on installait des « Tupiki », lignes à zig-zags et à points de rebroussement, en même temps qu'on entreprenait des voies à tunnel pour adoucir les rampes.

Tandis qu'on confiait la construction des locomotives, énormes machines Compound à 4 essieux couplés, en France aux compagnies de Fives-Lille et de Raismes, en Amérique à Baldwin de Philadelphie, on jetait des merveilles de ponts métalliques sur la Soungari, la Nonni et le Hun-ho.

Le Transmandchourien est le tronçon d'honneur du grand Chemin asiatique.

3° De Kharbin à Khabarovsk et à Vladivostok. — Transmandchourien : Kharbin—Frontière chinoise (550 kilomètres, 32 heures). — Tronçon Nikolsk—Frontière chinoise (120 kilomètres, 10 heures). — Chemin de fer Oussourien (770 kilomètres, 31 heures) : Nikolsk—Khabarovsk (660 kilomètres), Nikolsk—Vladivostok (110 kilomètres),

De Kharbin à Pogranitchnaia (32 heures), on traverse une région montagneuse et forestière. Les sites sont pittoresques. Les forêts sont défrichées sur 500 mètres de chaque côté de la voie pour en permettre la surveillance. Cette région est battue par des bandes de Khoun-Khous ; les attaques contre les convois sont à craindre.

Sur la ligne, de distance en distance, sont d'immenses chantiers de bois ; c'est la fabrique de traverses du Transmandchourien, c'est aussi la réserve alimentaire du train, car les locomotives et les wagons sont chauffés au bois.

Après avoir traversé le Mutan-Chiang, gros affluent de la Soungari, on arrive aux fameux tupiki. La voie s'arrête au fond d'une charmante vallée alpestre et s'élève sur le flanc de la montagne par des lacets avec points de rebroussement. Une machine est attelée en tête du train, une autre en queue. Le convoi est au besoin coupé en deux tronçons. 250 mètres de différence de niveau sont franchis par ce procédé rapide, pratique et original. On perd assurément du temps et le nombre de wagons des trains est limité, car les pentes sont raides ; une voie plus savante est en construction ; elle s'élèvera lentement à flanc de coteau et évitera par un tunnel une partie des différences de niveau.

La gracieuse petite ville de Pogranitchnaia est un sanatorium

dans un cirque de montagnes boisées. C'est là douane mand-
chourienne, une gare de triage considérable. Il y a un bon
buffet.

De Pogranitchnaia à Nikolsk (10 heures), on descend de
Pogranitchnaia vers Nikolsk par une gorge où s'étagent de nou-
veaux et interminables tupiki ; puis c'est Grodekovo, la station-
frontière de la province sibérienne maritime. Le pays est affreux,
désolé, sans habitation ; le sol est couvert de neige.

Nikolsk. — Nikolsk est une importante station ; elle renferme
de vastes ateliers de construction ; c'est le dépôt principal du
matériel du chemin de fer d'Oussouri.

La ville ou plutôt l'immense village de Nikolsk a doublé
depuis la construction de la gare chinoise orientale. Le nombre
des habitants atteint 15,000. C'est un centre militaire très
important, le chef-lieu du Ier corps d'armée de Sibérie. Nous y
retrouvons le général Linéwitch, qui commandait en chef,
en 1900, les troupes russes débarquées au Petchili. Le général
nous fait visiter le 17e régiment de tirailleurs, une batterie
d'artillerie et l'hôpital. Les casernes sont confortables, les
chambres très bien chauffées. Cela se conçoit dans un pays où
une grande partie de l'instruction doit être donnée à la cham-
brée. Les murs de celle-ci sont couverts de portraits de l'empereur, des deux impératrices et de généraux célèbres, de tableaux
patriotiques et d'images de piété. Il y a de nombreux dessins
très soigneusement coloriés relatifs au fusil, au paquetage et
aux uniformes de l'armée allemande.

Les exercices préparatoires de tir sont très poussés ; les
hommes ont comme but des silhouettes de soldats debout, à
genou, abrités, de cavaliers, etc.

Les fusils sont au ratelier, entourés d'une housse. La baïon-
nette n'est jamais retirée.

Le fantassin russe porte son équipement sur les reins. Le sac
est remplacé par une sacoche qui renferme du linge, du thé et
du pain. Le manteau gris est roulé et porté en sautoir, les deux
bouts se rejoignant dans la gamelle en aluminium ; les bottes de
rechange sont accrochées au manteau.

Les chevaux de l'artillerie sont superbes. Ils viennent de la région d'Irkoutsk. Ce sont des chevaux entiers, noirs; ils ont la crinière et la queue longues et abondantes, l'encolure puissante, la croupe énorme. Les écuries, en bois, sont très soignées; les poteaux et les cloisons sont entourés de paille tressée. Les gardes d'écurie sont revêtus de vestes chaudes en peau de mouton.

L'hôpital est parfaitement compris; les chambres, nombreuses, ne renferment que quatre, six ou huit malades.

Le général Linéwitch, le commandant du corps d'armée, est adoré des soldats et de ses officiers; c'est un homme méticuleux, qui apporte un soin extrême aux questions intéressant le bien-être des troupes. Le général se multipliait, découvrait les lits pour nous montrer l'épaisseur des couvertures, interrogeait les soldats, nous faisait goûter la soupe au poisson et le rata, qui étaient excellents.

Nous sommes loin des soldats négligés qui circulaient dans Tien-Tsin et même des gardes-frontières du Transmandchourien. Ces troupes russes d'Extrême-Orient, instruites, disciplinées, vigoureuses, maniées par des officiers d'élite, forment la redoutable armée d'avant-garde que les Japonais rencontreraient d'abord en Mandchourie. Peut-être s'apercevraient-ils alors qu'il ne suffit pas d'avoir vaincu les Chinois pour être invincibles.

De Nikolsk à Khabarovsk, on met vingt-quatre heures; la ligne ouverte à l'exploitation depuis 1897 fonctionne bien. Le paysage est, paraît-il, très intéressant. Nous n'avons que le souvenir de terrains parfois ondulés, mais couverts de neige, de grandes forêts touffues; le temps était brumeux, une neige fine tombait, les gares étaient les seules habitations qu'on aperçût.

Nous sommes dans la région de l'Oussouri, la partie méridionale de l'immense province maritime qui, de Vladivostok au Sud, s'étend le long des mers du Japon, d'Okhotsk et de Behring, jusqu'à l'Océan glacial.

Les montagnes de cette contrée sont riches en minerais. On a trouvé de la houille au bord même de la mer, au golfe de Possiet et dans le bassin de la Souifoun, la rivière de Nikolsk. Les forêts atteignent une grande épaisseur; c'est la véritable forêt vierge. On y rencontre quantité d'animaux, depuis le tigre à longs poils et l'antilope, jusqu'à la zibeline et à l'élan. On tire 120 à 150 tigres par an dans le pays d'Oussouri.

Le climat est rude. Cela tient au courant polaire qui vient baigner les côtes dans la partie septentrionale de la mer du Japon. La moyenne de la température, l'hiver, est de 27° centigrades à Khabarovsk et de 18° à Vladivostok.

La région est peu peuplée : 170,000 habitants seulement. Cependant, de nombreux émigrants, des déportés, peuplent peu à peu l'Oussouri méridional.

Khabarovsk est une jolie ville toute neuve bâtie sur une colline dominant l'Amour. C'est le terminus septentrional du Transsibérien. La ville actuelle est l'œuvre des généraux gouverneurs de la circonscription militaire de l'Amour et qui joignent aux fonctions de généraux en chef des troupes russes, à l'ouest d'Irkoutsk, celles de gouverneurs civils. Il y a 15,000 habitants à Khabarovsk, 12,000 hommes, 3,000 femmes seulement. Le grand nombre de soldats, l'immigration de Chinois travailleurs, la dureté de l'existence, expliquent cette faible proportion du sexe féminin. C'est la même chose dans toute la Sibérie orientale.

Khabarovsk est la ville intellectuelle de l'Extrême-Orient. Le général gouverneur Grodekow apporte au développement des institutions savantes la sollicitude d'une intelligence très cultivée, l'énergie d'un tempérament des plus vigoureux. Il existe à Khabarovsk une société de géographie, un comité de lectures populaires, une société de secours pour émigrés. Nous visitons une école de cadets et assistons à des exercices de chant, de gymnastique et de danse. Un élève de chaque classe vient se présenter au colonel Marchand et lui faire le rapport en français. Au gymnase des jeunes filles, toutes les demoiselles apprennent le français ; le chant de la *Marseillaise* salue notre entrée. Nous assistons à une fête très populaire, l'anniversaire du poète Gogol, le Molière de la Russie. Le musée est très intéressant; il renseigne sur la flore, la faune de l'extrême Sibérie et sur les coutumes des populations primitives qui parsèment les plaines glacées du Nord-Est et l'île désolée de Sakahline. Sakahline renferme beaucoup de houille. Les mines sont exploitées par des forçats russes. Le climat de cette île est terrible; il n'y a pas plus de cinquante jours de temps serein par an.

Nous avons pu faire sur l'Amour une promenade en traîneaux à chiens. Le fleuve est gelé près de six mois par an ; l'épaisseur de la glace atteint 2 mètres. Celle-ci est loin d'être régulière ; sur les rives, et le long des îles sont d'énormes amoncellements de blocs qui ressemblent à des vagues. Les traîneaux se composent d'une frêle ossature de bois en forme de pirogue. Six ou huit chiens attelés à une longue corde tirent l'esquif, sur lequel on est fort mal assis et dont un Sibérien, accroupi derrière vous, maintient l'équilibre à l'aide de deux piquets ferrés. Il faisait un vent cinglant et 30° au-dessous de 0.

Partis le 7 mars 1902, à 9 heures du matin, de Khabarovsk, nous arrivions le 8, à 11 heures du matin, à Nikolsk et à 4 h. 1/2 du soir à Vladivostok ; soit 770 kilomètres en trente et une heures.

Le pays est intéressant entre Nikolsk et Vladivostok ; c'est d'abord la jolie vallée de la Souifoun ; la voie contourne ensuite la baie d'Amour ; on aperçoit quelques forts sur les montagnes, c'est Vladivostok.

Vladivostok. — Le magnifique port naturel de Vladivostok est formé par la baie dite de la Corne-d'Or ; la baie d'Oussouri la fait communiquer avec la mer ; une longue presqu'île couverte de forts la sépare de la baie d'Amour. La Corne-d'Or, longue de 6 kilomètres, large de 1200 mètres, profonde de 10 à 30 mètres, est accessible aux plus grands navires. Elle se couvre de glaces du 15 décembre au 4 avril, mais un bac brise-glace entretient un chenal qui permet l'entrée et la sortie des navires presque tout l'hiver.

Vladivostok est une très jolie ville de 30,000 habitants (25,000 hommes, 5,000 femmes), sur lesquels il y a plus de 10,000 soldats et environ 12,000 Chinois et Japonais, marchands et artisans. Ses constructions s'étagent sur les pentes de la montagne, le long de la rive Nord de la Corne-d'Or. Il y a d'excellents hôtels, de grands magasins, des usines actives. La banque sino-russe y possède une succursale.

Le mouvement maritime de Vladivostok est important. C'est le terminus de la ligne des bateaux de la flotte patriotique. La création de Dalny dirigera évidemment vers ce port la plus grande partie du mouvement commercial du Transsibérien. On

VLADIVOSTOK. — LA CORNE D'OR.

ne croit pas cependant que l'importance de Vladivostok diminue. La province maritime a de l'avenir, Vladivostok sera toujours la porte d'accès orientale de la Sibérie. Les relations avec l'Amérique, le cabotage avec le Japon, les charbonnages et les richesses minières de l'Oussouri méridional, assureront l'activité à ce grand port.

Enfin, Vladivostok garde une partie de son importance stratégique. C'est la grande forteresse de la Sibérie et un point d'appui de premier ordre pour l'escadre russe d'Extrême-Orient. Les fortifications de Vladivostok sont très considérables, on les augmente encore chaque jour. La garnison, composée de troupes de forteresse, dépasse 10,000 hommes.

Quand nous arrivâmes à Vladivostok, le général Tchitchagoff, gouverneur de la place, était absent. La générale nous reçut en son nom, nous présenta aux officiers, nous conduisit en ville, nous accompagna au théâtre et nous fit les honneurs de la forteresse. Cette femme de grand caractère, de haute culture, de volonté réfléchie, n'a pas reculé devant un voyage de six mois à l'époque où le Transsibérien n'était pas encore achevé, pour rejoindre, avec ses enfants, son mari à Vladivostok.

L'exode est une mode chez les femmes d'officiers. Nous avons rencontré en Mandchourie la jeune femme d'un capitaine de Cosaques, qui fit toute la campagne contre les Boxeurs, guerroyant sous l'uniforme militaire aux côtés de son mari.

L'existence librement consentie de la femme russe, dans l'aridité de la steppe, son dévouement, son énergie donnent l'indication troublante de ce que peut en courage l'armée de Sibérie.

4° De Kharbin à Mandchouria (950 kilomètres, 3 jours, 4 heures).

Le 10 mars, nous quittions Vladivostok, pour arriver le 13 à Kharbin et en repartir le 14 pour la Russie.

Cette partie du trajet se fait lentement ; la voie, très abîmée par les Boxeurs, a été réparée hâtivement, la vitesse ne dépasse pas 18 kilomètres à l'heure, les longs arrêts sont fréquents, les gares très espacées ; il faut se munir de provisions.

On traverse la Soungari sur un viaduc en fer qui mesure

1015 mètres de longueur et comprend dix-neuf piles. Aux abords de la station, dite Soungari I, se trouve entassée une énorme quantité de matériel ; un immense bassin d'hivernage contient la flotte de remorqueurs et de chalands qui font le service, l'été, entre Kharbin et Khabarovsk.

C'est ensuite le désert jusqu'à la Nonni, où l'on achevait un magnifique pont métallique de 700 mètres. Le pont comporte sept grandes travées de 80 mètres, sept petites de 25 mètres. Le travail commencé le 15 octobre 1901, devait être achevé le

ATTELAGE MONGOL.

15 avril 1902, à la débâcle du fleuve. Un pont provisoire en bois longeait le pont définitif. En attendant, une voie avait été posée sur la glace, le train coupé en deux tronçons était tiré par une petite locomotive, les ingénieurs n'osant pas lancer sur la glace les machines de 100 tonnes du Transmandchourien. Vingt-sept maçons piémontais, aidés par quatre-vingts Russes, ont construit les piles. Ces ouvriers spécialistes gagnaient, à la tâche, jusqu'à 10 roubles (27 francs) par jour. 5,000 coolies chinois secondaient le personnel européen.

Tsitsikar (70,000 habitants) est laissée à 16 kilomètres.

La voie s'élève progressivement par des steppes ondulés, jusqu'au Grand Khingan qu'on franchit par des tupiki. On construit un tunnel qui évitera les lacets. Ce tunnel aura trois kilomètres, il ne sera achevé que dans le courant de 1904; ce sera le seul tunnel important du Transsibérien.

De l'autre côté des Khingans, c'est la steppe mongol ; nous longeons l'Argoun; dans la prairie neigeuse circulent d'énormes troupeaux de chevaux. Ce pays est balayé par des vents violents, les habitations sont creusées dans le sol, les toits recouverts de terre. Les villages sont très rares. Quelques dunes de sable, c'est l'extrémité du grand désert mongol, la patrie du cheval sauvage, que les indigènes chassent et dont ils mangent la chair.

Nous arrivons enfin à Mandchouria, la station-frontière, bon buffet. On y change de train. Nous pénétrons dans la Transbaïkalie.

5° De Mandchouria au Baïkal (1250 kilomètres, 3 jours, 12 h.)

La Transbaïkalie rompt la monotonie de l'immense voyage. La région est montagneuse ; la chaîne des Iablonovois la parcourt du Sud-Ouest au Nord-Est, avec des hauteurs variant de 2,500 mètres, sur la frontière chinoise, à 1200 mètres vers Stretensk. C'est le haut bassin des grosses rivières qui forment le fleuve Amour et de la Selenga, l'affluent du Baïkal. D'épaisses forêts couvrent les montagnes, les vallées sont pittoresques.

Il y a de la houille et du fer magnétique ; la plupart des rivières charrient des sables aurifères. Enfin on a découvert quantité de sources minérales. Le climat est très rigoureux. La flore et la faune de la Transbaïkalie sont extrêmement variées. La population totale de cette province, aussi vaste que l'Allemagne, s'élevait en 1897 à 665,000 habitants. Elle se compose de Cosaques, de déportés et d'indigènes, Toungous et Bouriats. Les Cosaques sont anciens, ils proviennent d'indigènes et de Russes. C'est dans cette réserve que le gouvernement russe a plusieurs fois puisé pour peupler promptement et solidement la région de l'Amour. Les forçats et les déportés sont 17,000, ils restent dans le pays après avoir subi leurs peines et forment la lie de la population. Les Bouriats sont des nomades, ils parlent la langue mongolique et sont boudhistes ou lamaïstes. Ils s'occupent d'élevage que favorisent les excellents pâturages de la région.

La délicatesse du gouvernement russe avait fait mettre à notre disposition un wagon splendide, où nous pûmes jouir des gracieux paysages que nous parcourûmes.

C'est encore le steppe ondulé jusqu'à l'Onon, rivière très encaissée qu'on traverse sur un pont de 230 mètres, puis on pénètre dans les montagnes. On franchit plusieurs chaînes par une série de courbes en S très hardies. On atteint l'Ingoda à Kaidalovo, d'où part l'embranchement vers Stretensk.

La vallée de l'Ingoda est pittoresque, la rivière décrit de nombreux méandres ; la voie ferrée remonte la rive gauche du fleuve, accrochée aux flancs de rochers superbes.

Les montagnes sont couvertes de sapins.

Tchita, le chef-lieu de la province, est une ville jolie de 12,500 habitants, située dans un élargissement de la vallée. Une importante garnison l'occupe.

On pénètre ensuite dans le large bassin du Chilok, affluent de la Selenga, et l'on atteint cette dernière à *Verkhnieoudinsk*, ville industrielle et commerçante, le point du départ de la grande route de Pékin par Kiakhta, Ourga et la Mongolie. C'est par cette voie qu'arrivaient jusqu'à présent, par caravanes de chameaux, par convois de charrettes, les 27 millions de kilogrammes de thé que la Chine exporte en Russie. Il est à présumer qu'une grande partie de ce transit passera désormais par le Transsibérien.

La voie ferrée atteint le Baïkal près de Missovaia, grande gare de tirage. C'est la douane russe, très sévère, sauf pour les officiers français. C'était à Missovaia qu'on prenait le traîneau ou le ferry-boat pour traverser le Baïkal. 40 kilomètres du Circumbaïkal sont construits de ce côté du lac, le terminus est actuellement à Pereemnaja.

**6⁰ Le Baïkal. — Traversée en traîneau, 3 h. 1/2 ;
traversée en bateau à vapeur, 4 heures.**

Le Baïkal était, le 21 mars 1902, une immense plaine de neige, entourée de hautes montagnes noires. On ne peut se faire

une idée, même approchée, de la distance qui sépare les deux
rives. Il y avait 40 kilomètres au point où nous avons traversé
le lac, et la rive Ouest nous semblait voisine. Nous avons pris
place dans d'excellents petits traîneaux, traînés par trois chevaux.
Enveloppés dans d'épaisses fourrures, enfoncés dans la paille,
nous n'avons pas souffert du froid, cependant assez vif : il y
avait — 25°. La route est jalonnée avec soin par des bran-
ches de sapin, car la piste est mauvaise et la glace très irrégu-
lière. Les chevaux sont presque toujours au galop. On fait halte

LES FALAISES DU LAC BAÏKAL.

à mi-chemin dans une auberge dont les murailles de bois et le
parquet sont soigneusement revêtus d'épaisses nattes de laine.

Cette traversée du Baïkal est périlleuse. Les bourrasques de
neige sont fréquentes. La température s'abaisse souvent jusqu'à
— 50 ou 60° ; on perd alors toute notion de la route fréquem-
ment bouleversée elle-même par de larges crevasses qui
déchirent la glace sur une longueur de plusieurs centaines de
mètres.

On aborde la rive Ouest à la station de Baïkal, où se trouve
le dock des deux bacs brise-glace qui fonctionnent du 15 avril à
la fin décembre.

Le « Baïkal », le plus important des deux navires, a été construit chez Armstrong, il est en acier Martin Siemens. Sa longueur est de 100 mètres, sa largeur de 19 mètres, il cale 6^m,50 et déplace, chargé, 4,200 tonnes ; les trois machines ont une force de 3,750 chevaux. Le bâtiment a quatre hélices. L'une d'elles est à l'avant et sert à soulever le bateau, qui retombe ensuite, brisant la glace par son poids.

Des citernes à eau déplacent à volonté l'équilibre du navire. Le « Baïkal » peut briser une glace de 1^m,20 d'épaisseur, ce qui est insuffisant d'ailleurs pour lui permettre de marcher toute

LES DEUX BACS BRISE-GLACE « LE BAÏKAL » ET « L'ANGARA ».

l'année ; les courants violents qui agitent le lac favorisent, en effet, la formation de véritables banquises qui atteignent 7 et 8 mètres d'épaisseur. Sur le pont principal, dans une sorte de hangar, il y a trois voies munies de rails sur lesquelles peuvent se placer 25 wagons. Le train est amené jusqu'à l'arrière du ferry-boat et y pénètre par un pont-levis manœuvré par une grue puissante. Le pont supérieur du navire contient des cabines, une salle à manger, un salon pour 150 voyageurs.

Un deuxième brise-glace auxiliaire, « l'Angara », de dimensions plus faibles, aide ou supplée le « Baïkal » dans sa traversée.

Ces navires, la construction des débarcadères, ont coûté plus de 15 millions. Ils n'ont pas rendu tous les services qu'on en

VUE GÉNÉRALE D'IRKOUTSK.

attendait. Le Baïkal est un véritable couloir où s'engouffrent des vents violents. L'été, le lac est agité par d'épouvantables orages qui surgissent de tous côtés et soulèvent des vagues étroites, hautes de six à sept pieds qui fatiguent les ferry-boats au point de compromettre leur stabilité.

Le « Baïkal » ne fait en moyenne qu'une traversée et demie par jour, c'est un transbordement de 35 à 40 wagons seulement; il en résulte qu'il y a toujours encombrement de wagons et entassement de marchandises, l'été, sur les deux rives du lac. L'hiver, il faut décharger les trucs, transporter les colis sur des traîneaux dont la capacité est fort restreinte, et recharger de l'autre côté. Enfin il y a arrêt complet de la circulation deux fois par an, en décembre et en avril, époques de la congélation et de la débâcle.

Aussi les Russes sont-ils décidés à pousser activement l'exécution du Circumbaïkalien.

Cette ligne coûtera très cher, 120 millions pour 300 kilomètres, et la quantité de travaux d'art nécessités par la construction de cette voie difficile, creusée dans les falaises qui bordent le lac, ajournera à trois ou quatre années encore l'achèvement de la voie ferrée, ininterrompue de l'Oural au Pacifique.

7° De Baïkal à Irkoutsk (70 kilomètres, 2 heures).

Un groupe d'officiers d'état-major russes nous attendait à la station de Baïkal. Ces messieurs nous invitèrent à monter dans un wagon-salon, où un déjeuner très sibérien était servi :

Zakouski, c'est-à-dire hors-d'œuvre de toutes sortes;
Sterlet, sorte de truite saumonnée, salade russe;
Gélinottes rôties aux groseilles et concombres.

La route du Baïkal à Irkoutsk est très pittoresque. L'Angara sort du lac en véritable torrent. Ses eaux bleues et profondes tranchent sur le blanc des pentes neigeuses. Le courant est si violent que l'Angara ne gèle jamais en cet endroit, même par les plus grands froids. Puis la vallée s'élargit et, sa vitesse diminuant, la rivière finit par être prise par les glaces. A Irkoutsk, on fait en traîneau le trajet entre la gare, située rive gauche, et la ville, qui s'étale sur la rive droite du fleuve.

Irkoutsk, la capitale intellectuelle et commerciale de la Sibérie, est une ville superbe — pour le pays — de 50,000 habitants. Une cathédrale bysantine, de nombreux monuments, une forêt de clochetons, de coupoles, lui donnent un aspect qui impressionne.

Nous ne pûmes rester que quelques heures à Irkoutsk. Nous visitâmes la compagnie des prisonniers militaires, très bien installés d'ailleurs, et un escadron de Cosaques d'Irkoutsk ; ce sont, plus soignées encore, les chambres et écuries superbes que nous avons signalées à Nikolsk. Les chevaux de la région, chevaux noirs à encolure musclée, sont très vigoureux : ce sont les meilleurs de la Sibérie. Dans un box d'honneur, un superbe étalon qui fut monté par l'Empereur voici deux ans ; personne ne s'en servira plus, il terminera ses jours entouré d'un respect religieux.

8° D'Irkoutsk à Moscou (5,465 kilomètres, 8 jours) : D'Irkoutsk à Tchelabinsk (3,262 kilomètres, 5 jours), De Tchelabinsk à Moscou (2,203 kilomètres, 3 jours).

Cet énorme trajet, environ cinq fois la distance de Lille à Marseille, se fait en huit jours par le Transsibérien-express, train de luxe qui part deux fois la semaine d'Irkoutsk. L'un des trains, celui que nous avons pris, est composé de voitures de la Compagnie internationale des Wagons-Lits ; l'autre, plus luxueux, sorte de train-réclame, est russe ; il se compose d'énormes wagons-lits, restaurant, sport et même église.

Le paysage ne présente pas d'intérêt, sauf au passage des grands fleuves et de la région de l'Oural. De longues ondulations existent entre Irkoutsk et l'Iénisséi ; puis c'est l'effroyable plaine neigeuse, parsemée heureusement de quelques forêts, de maigres sapins et bouleaux. La réverbération de cette neige est fatigante. La voie est légèrement construite. La vitesse moyenne ne dépasse guère 30 kilomètres à l'heure ; les arrêts dans les stations sont de 5 à 10 minutes, de 30 à 50 dans cinq ou six grandes gares seulement.

Le prix du trajet en 1re classe est de 90 roubles, environ

250 francs; chaque voyageur a droit au transport gratuit de 1 poud (16 kilogrammes) seulement de bagages. La cuisine du wagon-restaurant est bonne; les prix ne sont pas exagérés.

C'est la partie monotone du voyage.

On traverse l'Iénisséi sur un magnifique pont métallique de 938 mètres. Ce pont se compose de six énormes travées, couvertes de fermes, ayant entre les axes des parties de soutien une longueur de 146 mètres. Le tablier du pont permet le passage des voitures. Les piles sont munies vers l'amont d'énormes brise-glace.

PONT SUR L'IÉNISSÉI.

Krasnoïarsk, qu'on rencontre immédiatement sur la rive gauche de l'Iénisséi, est une ville industrielle de 30,000 habitants. C'est le centre d'une vieille région aurifère. Il y a de grands établissements métallurgiques alimentés par les minerais du haut bassin de l'Iénisséi. Les ateliers de la gare emploient 1500 ouvriers.

L'Obi se traverse sur un pont de 800 mètres; celui de l'Irtych a 700 mètres. *Omsk* est une grande ville de 50,000 habitants, très commerçante. C'est un centre militaire important.

Cette immense plaine entre l'Iénisséi et l'Oural est la région des terres noires; c'est le grenier de la Sibérie; la culture des céréales et des plantes textiles y est favorisée par cinq mois consécutifs de belle saison et de fortes chaleurs; le blé y mûrit plus vite qu'en France.

Enfin, on atteint *Tchelabinsk*, le point initial du Transsibérien, immense entrepôt de blés, gare de triage, point de réunion des émigrants. Depuis l'ouverture du chemin de fer de la Sibérie occidentale, c'est-à-dire depuis 1893, il a été signalé à Tchelabinsk un million d'émigrants.

On pénètre bientôt dans l'Oural : des panoramas enchanteurs succèdent aux effroyables plaines des jours précédents. L'Oural ressemble au Jura, c'est la montagne gracieuse. La voie circule à flanc de coteau, on jouit de charmants points de vue. Les richesses minières considérables de cette région ont amené une activité industrielle très grande, les usines sont nombreuses ; c'est dans ces établissements qu'on été construits les rails et la plupart des poutres en fer du Transsibérien. On fait de très belles armes à Zlataoust, les usines de Satkinsk travaillent pour l'artillerie. Dans toute cette section, on utilise le pétrole pour le chauffage des locomotives.

Samara, grande ville de 91,000 habitants, domine la Volga, que nous traversons lentement sur le pont Alexandre, construction métallique très légère, de 1500 mètres environ de longueur. La Volga est énorme et serpente majestueusement. La rive droite domine le fleuve de 15 à 20 mètres. De Sizerane à Moscou, on met environ 30 heures ; on parcourt d'immenses plaines marécageuses tachetées de forêts de bouleaux.

Enfin, le 30 mars, nous étions à Moscou où nous attendaient, sur le quai de la gare, un colonel de l'état-major de S. A. I. le grand-duc Serge, commandant en chef la circonscription de Moscou, et les membres de la nombreuse et florissante colonie française de la ville.

Quelques jours après, nous filions de Moscou sur Pétersbourg, environ 13 heures de chemin de fer, et le 18 avril, nous arrivions à Paris après avoir traversé l'Allemagne.

Nous avions, depuis le 19 février, parcouru par voie ferrée 16,000 kilomètres.

MOSCOU. — LA MOSCOVA ET LE KREMLIN.

III

L'Œuvre du Transsibérien.

Le Transsibérien est plus qu'une œuvre cyclopéenne : c'est un fait historique. Il a d'un coup percé la nuit des temps asiatiques, augmenté les ressources économiques de la Russie, accru dans une singulière mesure sa puissance militaire.

L'œuvre économique. — La Sibérie, avec ses terres incomparables et ses forêts immenses, ses richesses minérales et ses fleuves magnifiques, était semblable à un corps splendidement constitué auquel il ne manque aucun organe et dont tous les organes sont sains, mais qui attend la vie.

A ces cours d'eau isolés glissant côte à côte pour se perdre dans une mer fermée, tranchées infranchissables entre les terres qu'ils arrosent, il fallait une arche, comme à une gerbe il faut un lien.

Le rail fut cette arche et fut ce lien.

Telle était sa nécessité qu'en 1896, époque de son entrée en exploitation, la ligne accusait une si notoire insuffisance qu'on s'empressa d'en doubler les croisements, d'augmenter l'importance et la fréquence des trains.

Le paysan avait tout de suite compris le profit qu'il pouvait tirer de sa culture ; l'indigène avait par lui entrevu un horizon au delà des fumées du hameau.

La poste, les thés de Chine et les objets de luxe qu'emportent les trains rapides, ne connaissent déjà plus d'autre mode d'écoulement, mais les grosses marchandises continueront à emprunter longtemps encore la voie de mer, plus commode et moins coûteuse.

Il faut excepter de ce développement le Transbaïkalien et le

Transmandchourien, plus récents et plus éloignés, mais ceux-ci ne tarderont pas à être banalisés à leur tour, quand personne n'ignorera plus que la voie ferrée conduit les voyageurs de Paris à Port-Arthur à moitié prix et moitié temps que les compagnies de navigation les plus rapides[1].

L'œuvre sociale. — Le Transsibérien n'est pas seulement le premier colon de la Sibérie ; il est lié aux destins futurs de la Russie.

La Russie regorge d'habitants dont l'existence est difficile et dont l'activité s'impatiente. Chez elle, l'émigration est une nécessité de son histoire. L'empire la conduit sous la protection des Cosaques qui reculent chaque jour plus loin leur pénétration.

Le Cosaque tire la civilisation, la civilisation pousse le Cosaque ; l'un est accroché à l'autre comme la charrue aux bœufs. La chose se passe d'ailleurs sans surprise : les émigrants choisissent leurs terres que des émissaires envoyés gratuitement vont reconnaître eux-mêmes. Ils partent ensuite avec une avance de 80 roubles accordée par le gouvernement, qui leur laisse 20 années pour la rembourser. Des baraquements chauffés, des soins médicaux, des installations de bains, de la nourriture, les attendent sur la route.

De 1893 à 1900, le chemin de fer a transporté un million d'émigrants. En 1900 seulement, on a construit, dans les concessions nouvelles, 73 églises et 100 écoles.

En attirant par l'émigration le peuple au bien-être comme l'oiseau au miroir, en passionnant la multitude autour de son

---

[1] *Transsibérien.* — Service de mai 1903.

	DURÉE DU TRAJET.	PRIX DES PLACES	
		1re cl. fr. c.	2e cl. fr. c.
De Paris à Port-Arthur............	16 jours.	999 85	674 20
De Paris à Pékin (*via* Alexandrowo).	18 jours.	1,013 45	706 50

Messageries maritimes : Service de 1904.

	DURÉE DU TRAJET.	1re cl.	2e cl.
De Marseille à Chang-Haï (nourriture comprise......................	33 jours.	1,525 »	1,050 »

De Chang-Haï à Takou ou Chin-Wan-Tao, 4 jours, 120 francs, sans compter le trajet de Paris à Marseille, un séjour à Chang-Haï et le trajet de Takou ou Chin-Wan-Tao à Pékin.

idée, le gouvernement russe a résolu heureusement la question du socialisme agraire.

L'œuvre stratégique. — Mais si la pensée du Transsibérien fut économique et sociale, la rapidité presque invraisemblable de son exécution fut essentiellement militaire.

Le Japon que l'entente de la Russie avec la France et l'Allemagne avait, en 1895, inopinément frustré des avantages longuement convoités de sa victoire, n'avait, depuis lors, cessé de préparer avec une volonté précise et un soin minutieux la lutte nécessaire contre le spoliateur.

En Chine, l'antagonisme des armées russe et japonaise était à ce point ouvert que les Alliés se quittèrent dans le revoir d'un conflit.

Émus par l'irréductibilité nipponne, les Russes employèrent le temps à outrance.

Au lendemain de la publication du traité anglo-japonais, le Japon disposait d'une flotte de 130 unités, dont 40 gros navires, et parmi ceux-ci 8 cuirassés et 6 croiseurs de première classe. Son armée permanente mobilisée à 200,000 hommes, pouvait, par les ressources considérables de la marine marchande, être transportée en 20 jours à Port-Arthur et à Vladivostok. Elle avait en outre 300,000 hommes en réserve immédiate.

L'escadre russe était composée de 40 bâtiments, parmi lesquels se trouvaient les plus puissants cuirassés et croiseurs de la flotte. Les troupes de Port-Arthur et de Vladivostok comprenaient 24,000 hommes. Le général Grodekow qui commandait la circonscription de l'Amour, comptait bien réunir en un mois une centaine de mille hommes à Kharbin.

Mais, si l'on envisage que 1000 kilomètres séparent Kharbin de Port-Arthur, on est obligé d'admettre que les premiers débarquements japonais ne sauraient être sérieusement inquiétés. C'est Dalny menacé, Port-Arthur investi, mais le siège figerait l'invasion.

Chaque jour gagné par la Russie est une défaite japonaise. La Russie a le Transsibérien pour elle, le Japon l'a contre lui.

Pour juger le Transsibérien à sa valeur, il faut songer au parti qu'en 1900 les Russes tirèrent de la ligne inachevée. Tel qu'il est, pris dans ses imperfections de hâte, c'est déjà un chemin incomparable. Même dans l'audacieuse hypothèse de la mer libre, les Japonais devront créer de toutes pièces une base d'opérations, rétablir les voies détruites, égréner une grosse partie de leurs forces dans les sûretés de l'arrière. Et le pays n'a pour les servir qu'un climat difficile, des ressources rares et une population ingrate. Il manque encore à l'armée mikadonale l'exercice de la grande guerre ; il lui manque surtout l'arme d'exploration, de protection et de retraite : la cavalerie, qui est à une armée ce que sont l'œil et le nerf au corps humain.

TIRAILLEURS SIBÉRIENS.

L'expérience de 1895 a pu satisfaire l'impatience d'une armée avide de lauriers et l'orgueil d'une nation ambitieuse. On n'en saurait tirer pour l'avenir de conclusions fortifiantes.

Redoutables au point de vue militaire, les conséquences pour le Japon d'une guerre avec la Russie seraient, au point de vue politique, éminemment désastreuses.

Examinée sous son jour d'application, l'alliance anglaise a toute la valeur d'un contrat entre agent et patron. Celui-ci ne s'engage que pour se servir de l'autre.

SENTINELLE JAPONAISE.

INFANTERIE JAPONAISE.

Où est, dans le cas japonais, l'intérêt de l'Angleterre?

La Russie est sa voisine aux Indes, sa rivale en Perse et l'alliée de la France, et la France, amie des États-Unis, de l'Italie et de l'Espagne, est avec elle en pleine lune de miel de l'entente cordiale.

Des inimitiés partout, des assurances nulle part : voilà le bilan anglais de l'alliance japonaise. L'intérêt anglais est donc contre le Japon. Et puis l'Angleterre est mal préparée par son tempérament à fournir à son alliée l'occasion de fortifier par une victoire l'exigence de ses prétentions, tandis que la voix claire de son intérêt imposera tout de suite la fin de sa confiance au Japon vaincu.

Aux premiers succès, elle acceptera un arrangement moyennant la concession d'un traité de commerce et l'ouverture d'un port à son trafic; aux premiers revers, elle désintéressera sa responsabilité, comme on l'a vu récemment au Venezuela.

Si alors, exalté dans son ambition par le bonheur des armes ou animé dans son orgueil par l'infortune des rencontres, le Japon continue la guerre, le Japon aura vécu.

Un conflit avec lui seul ne saurait absorber ni toute la somme d'effort, ni toute la puissance d'activité de ses adversaires. Il demeure pour eux un événement de façade. Poussés à prolonger une crise où le temps est leur allié, ils attendront la victoire de l'épuisement de leur ennemi.

Si, au contraire, — et ce cas est pour nous l'éventualité certaine, — les alliances n'interviennent pas, la France peut avec assurance envisager l'issue d'un conflit russo-japonais. Tandis que le jeune Japon, torturé de grandeur, précipite nerveusement l'échéance d'une guerre, appel impatient dont il attend la gloire, la Russie, qui est d'un poids immense dans les lendemains du monde, suit une certitude si irrésistible de progrès et d'avenir qu'elle prend peu de soucis des revers de surface, accidents momentanés qui n'importent qu'à l'instant, sans inquiéter le fond imperturbable de ses destinées [1].

---

[1] Cette conférence a été faite en 1903 à la Société de géographie de Lille.

TABLE DES MATIÈRES

Paris. — Imprimerie R. CHAPELOT et Cᵉ, rue Christine, 2.

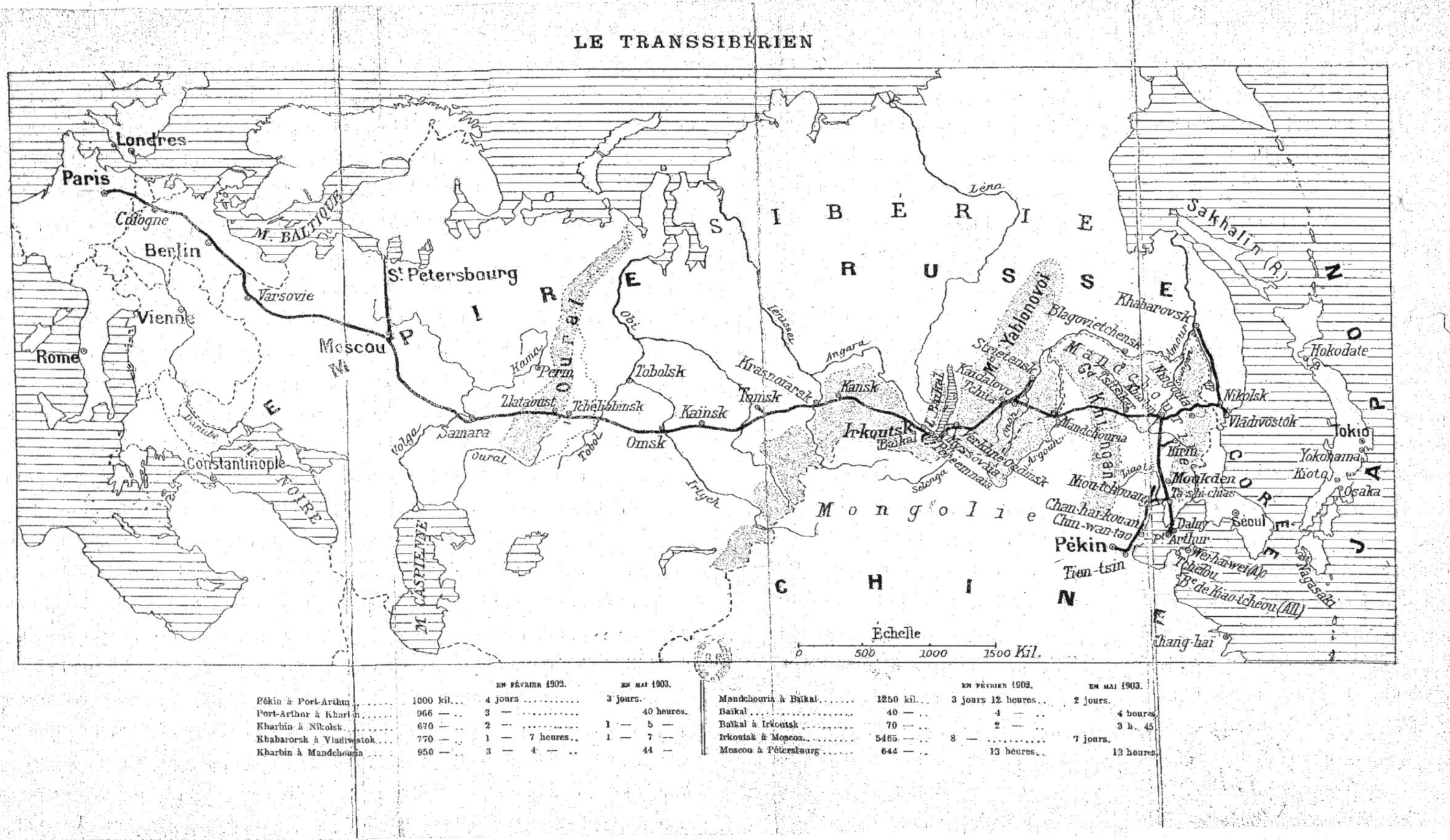

		EN FÉVRIER 1902.	EN MAI 1903.
Pékin à Port-Arthur	1000 kil...	4 jours	3 jours.
Port-Arthur à Kharbin	966 — ..	3 —	40 heures.
Kharbin à Nikolsk	670 — ..	2 —	1 — 5 —
Khabarorsk à Vladivostok	770 — ..	1 — 7 heures..	1 — 7 —
Kharbin à Mandchouria	950 — ..	3 — 4 — ..	44 —

		EN FÉVRIER 1902.	EN MAI 1903.
Mandchouria à Baïkal	1250 kil..	3 jours 12 heures..	2 jours.
Baïkal	40 — ..	4 — ..	4 heures.
Baïkal à Irkoutsk	70 — ..	2 — ..	3 h. 45
Irkoutsk à Moscou	5465 — ..	8 —	7 jours.
Moscou à Pétersbourg	644 — ..	13 heures..	13 heures.